专项职业能力考核培训教材

广西地方油茶制作

桂林市人力资源和社会保障局
桂林市人力资源社会保障学会　组织编写

 中国劳动社会保障出版社

图书在版编目（CIP）数据

广西地方油茶制作 / 桂林市人力资源和社会保障局，桂林市人力资源社会保障学会组织编写． -- 北京：中国劳动社会保障出版社，2023

专项职业能力考核培训教材

ISBN 978-7-5167-6144-1

Ⅰ．①广… Ⅱ．①桂…②桂… Ⅲ．①油茶–饮食–文化–广西–职业培训–教材 Ⅳ．①TS971.202.67

中国国家版本馆 CIP 数据核字（2023）第 198883 号

中国劳动社会保障出版社出版发行

（北京市惠新东街 1 号　邮政编码：100029）

*

北京市白帆印务有限公司印刷装订　　新华书店经销

787 毫米 ×1092 毫米　16 开本　6 印张　111 千字

2023 年 11 月第 1 版　　2023 年 11 月第 1 次印刷

定价：24.00 元

营销中心电话：400-606-6496

出版社网址：http://www.class.com.cn

版权专有　　侵权必究

如有印装差错，请与本社联系调换：（010）81211666

我社将与版权执法机关配合，大力打击盗印、销售和使用盗版图书活动，敬请广大读者协助举报，经查实将给予举报者奖励。

举报电话：（010）64954652

编审委员会

主　任　唐德华

副主任　朱桂平　欧阳凯

委　员（按姓氏笔画排序）

　　　　冯　卫　阳明义　吴政鸿　何艳军　陈　伟

　　　　徐　勇　龚应国　梁冠强　蒋雄飞　谭兴勇

编审人员

主　编　何艳军　黄治乔　黄　琼

副主编　苏慧双　钟尚金　阳明义

编　者　肖雯婷　钟明达　余佳骏　蒋大为　唐忠玲

审　稿　文歧福　周黎维

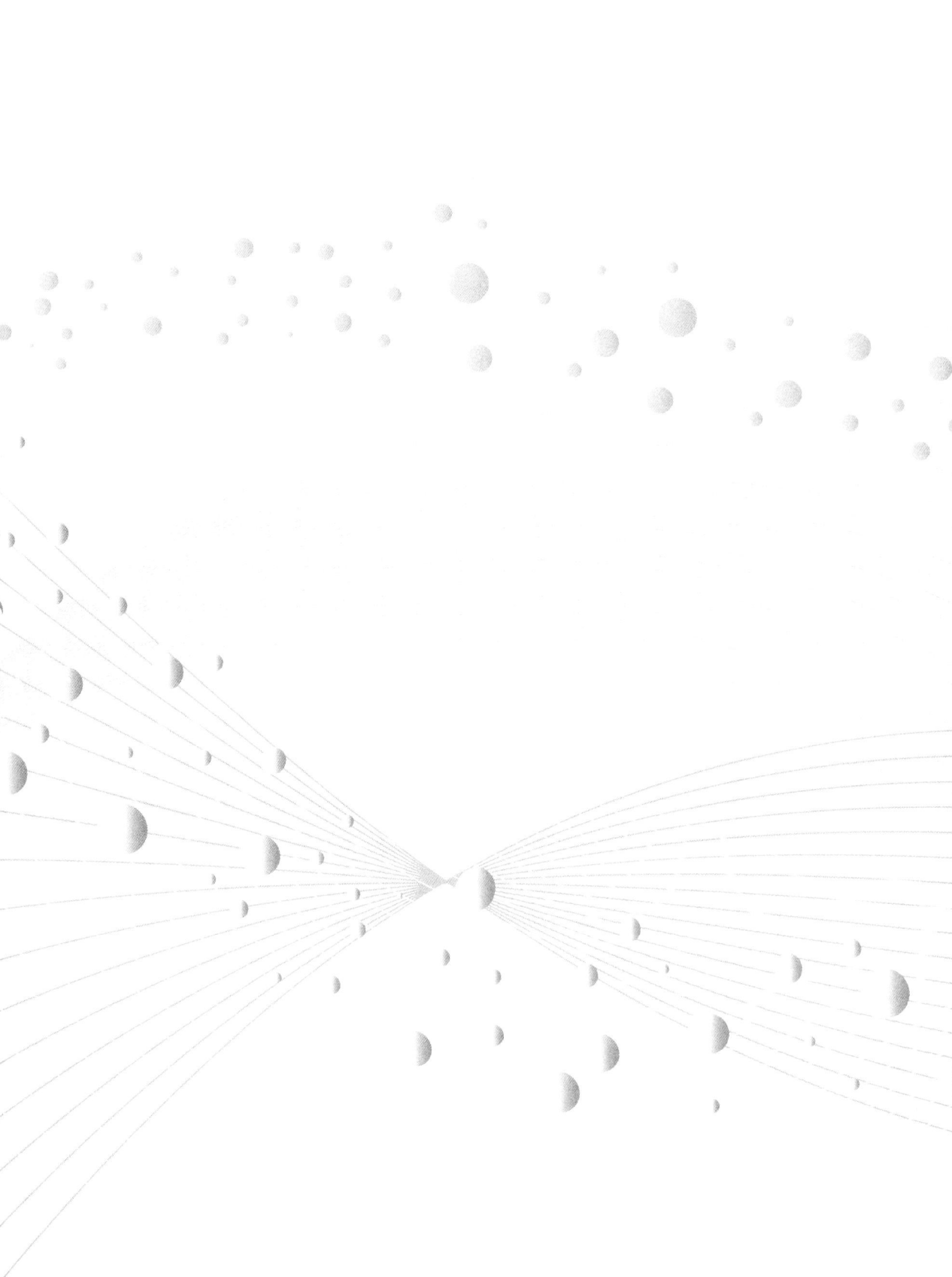

前　言

　　职业技能培训是全面提升劳动者就业创业能力、促进充分就业、提高就业质量的根本举措，是适应经济发展新常态、培育经济发展新动能、推进供给侧结构性改革的内在要求，对推动大众创业万众创新、推进制造强国建设、推动经济高质量发展具有重要意义。

　　为了加强职业技能培训，《国务院关于推行终身职业技能培训制度的意见》（国发〔2018〕11号）、《人力资源社会保障部　教育部　发展改革委　财政部关于印发"十四五"职业技能培训规划的通知》（人社部发〔2021〕102号）提出，要完善多元化评价方式，促进评价结果有机衔接，健全以职业资格评价、职业技能等级认定和专项职业能力考核等为主要内容的技能人才评价制度；要鼓励地方紧密结合乡村振兴、特色产业和非物质文化遗产传承项目等，组织开发专项职业能力考核项目。

　　专项职业能力是可就业的最小技能单元，劳动者经过培训掌握了专项职业能力后，意味着可以胜任相应岗位的工作。专项职业能力考核是对劳动者是否掌握专项职业能力所做出的客观评价，通过考核的人员可获得专项职业能力证书。

　　为配合专项职业能力考核工作，在人力资源社会保障部教材办公室指导下，桂林市人力资源和社会保障局、桂林市人力资源社会保障学会组织有关方面的专家编写了专项职业能力考核培训教材。教材严格按照专项职业能力考核规范编写，内容充分反映了专项职业能力考核规范中的核心知识点与技能点，较好地体现了科学性、适用性、先进性与前瞻性。相关行业和考核培训方面的专家参与了教材的编审工作，保证了教材内容与考核规范、题库的紧密衔接。

专项职业能力考核培训教材突出了适应职业技能培训的特色，不但有助于读者通过考核，而且有助于读者真正掌握相关知识与技能。

本教材在编写过程中得到了陈爱民、陈有东、刘文宽、蒋君等同志的大力支持与协助，在此表示衷心感谢。

教材编写是一项探索性工作，由于时间紧迫，不足之处在所难免，欢迎各使用单位及读者提出宝贵意见和建议，以便教材修订时补充更正。

目 录

培训任务 1　广西地方油茶基础知识
学习单元 1　广西地方油茶简介 …………………………… 3
学习单元 2　食品安全与操作规范 ………………………… 10

培训任务 2　广西地方油茶典型代表
学习单元 1　恭城油茶 ……………………………………… 19
学习单元 2　灌阳油茶 ……………………………………… 25
学习单元 3　平乐油茶 ……………………………………… 31
学习单元 4　三江油茶 ……………………………………… 36

培训任务 3　广西地方油茶经典小吃
学习单元 1　米花 …………………………………………… 43
学习单元 2　排馓 …………………………………………… 45
学习单元 3　麻蛋果 ………………………………………… 48
学习单元 4　艾叶粑 ………………………………………… 50
学习单元 5　大肚粑 ………………………………………… 53

学习单元 6　船上糕 ·· 56

培训任务 4　广西地方油茶的传承创新

　　学习单元 1　油茶米粉 ·· 61
　　学习单元 2　三鲜油茶火锅 ·· 65
　　学习单元 3　油茶鸡火锅 ·· 68
　　学习单元 4　油茶鱼火锅 ·· 71

培训任务 5　油茶店创业策划

　　学习单元 1　市场调研 ·· 77
　　学习单元 2　市场营销方案制订与销售收入预测 ························ 79
　　学习单元 3　启动资金预测 ·· 82
　　学习单元 4　财务计划制订 ·· 84

附录 1　广西地方油茶制作专项职业能力考核规范 ························· 86
附录 2　广西地方油茶制作专项职业能力培训课程规范 ················· 88

培训任务 1

广西地方油茶基础知识

作为茶的故乡，中国的茶文化可谓源远流长。广西茶是中国茶的组成部分，长期以来以另一种形态存在于人们的日常生活中。从某种意义上说，广西茶超越了茶的传统饮用形式，以茶汤的面貌呈现于世人面前，这就是油茶。

"油茶誉四方，慕名来品尝。当年喝一碗，三天嘴还香。"油茶相传起源于唐代，"打油茶"是瑶族、侗族传统的饮食习惯。近年来，油茶市场火爆，脱颖而出，成为"乡村振兴、绿色农创"的典型。2021年5月，国务院发布《国务院关于公布第五批国家级非物质文化遗产代表性项目名录的通知》，恭城"瑶族油茶习俗"入选扩展项目名录，多地油茶被收入广西壮族自治区非物质文化遗产代表性项目名录。"恭城油茶"还是广西首个地方特色小吃类产品地理标志证明商标。

油茶从久居深山的少数民族食品发展成走进大众生活的寻常饮食。如今，油茶正逐步成为继桂林米粉后广西又一新的饮食文化名片。

学习单元 1

广西地方油茶简介

广西民谣"早餐一盅一天威风，中午一盅劳动轻松，晚餐一盅全身疏通"说的就是油茶。喝油茶是广西恭城、三江等桂北少数民族地区世代相传的饮食习俗，当地人每天都会喝上一碗油茶，油茶已经成为当地人们生活的一部分。有客来访，大家欢聚一堂，一边品尝油茶，一边拉家常，谈心叙旧，别有一番风味。

一、广西地方油茶的起源和传说

广西人喝油茶已经有上千年的历史，油茶蕴含着浓郁的地方特色和少数民族先祖对生活饮食的智慧。较早的油茶记录来自陆羽的《茶经》，其中引用《桐君录》的一段记载："而交广最重，客来先设，乃加以香芼辈。""交广"之地指的是岭南地区，包括广西的大部分地区。当时，当地人遇有客人来了就用茶招待他，并在茶水里加上香料。

据史料记载，油茶始于唐代，距今已有1 000多年的历史。近年来，有学者研究认为，自从有了瑶族，就有了油茶。因瑶族世居山区，湿气重，瘴气大，古时缺医少药，生姜和茶叶这两种瑶乡常见的食物便被瑶族百姓用来避瘴祛湿。原本煮生姜和茶叶时，不加入油和盐，后来为了改善口感，使其入口更顺，逐渐演变成了今天当地人爱喝的油茶。

在广西，很多地方都有"打油茶"的习惯。广西壮族自治区文化和旅游厅公布的非物质文化遗产代表性项目名录，油茶制作工艺（恭城油茶）、油茶制作工艺（平乐水上油茶)、苗族油茶制作技艺、侗族打油茶、资源五排油茶习俗等均在其列。本书主要介绍恭城油茶、灌阳油茶、平乐油茶和三江油茶。

1. 恭城油茶

据现存文史资料记载，宋太平兴国年间，御史周渭（现恭城瑶族自治县平安镇路口村人）还乡探亲。准备回京当天，气候骤变，一会儿冷一会儿热，之后接连几天瘴气弥漫，许多人都病倒了。周渭懂得医理，他发现众乡亲患病是受气候影响，引起伤寒流行所致。他想起相传神农尝百草时以茶叶解毒，便用茶叶治好了乡亲们的病。应该说，"恭城油茶"根植于中国茶文化，恭城瑶族同胞受神农茶能解百毒、祛病传说的影响而喝茶，进而为解决口感不佳、不易消化问题而发明了"打油茶"，并使其得以延续与发展。

另外，根据民间传说，瑶族居住在"千家峒"，很少与外界来往，沿袭旧制煮油茶。明朝时"千家峒"瑶族百姓遭到清剿，一部分人逃到了恭城，其中一支瑶族八房人，选择了较平坦的嘉会一带定居下来，并带来了他们的传统美食——油茶。嘉会的瑶族百姓临恭城河而居，由于交通便利，往来通达，油茶得以广泛流传。清朝时，嘉会瑶族百姓人数众多，他们每三年举行一次盛大的庙会，附近各族群众都来参加。庙会规定，本族人不准抢花炮，只准外来的人抢花炮。对来参加庙会的人，当地人都盛情接待，喝油茶及以油茶待客的习俗也流传开来。

据清朝清柱等纂修的《平乐府志》引省志载："恭城，四时晴，云便寒，调护稍失百病易生。"又载："岭南多雾，盖有阴阳不和，蒸于莽青之区，杀以重蛇之气是生瘴疠。"据《本草纲目》记载："茶苦而寒，阴中之阴，沉也，降也，最能降火……心肺脾胃之火多盛，故与茶相宜，温饮则火因寒气而下降，热饮则茶借火气而升散，又兼解酒食之毒，……此茶之功也。"恭城油茶中的茶叶能解毒、提神，生姜能散寒暖胃。这些特点也使油茶得以在当地普及。

此外，还有一个关于油茶的传说。据说当年乾隆皇帝下江南，沿途百官大献殷勤，奉上各种山珍海味，乾隆吃厌而食欲不振，众御厨顿时束手无策。这时，一位恭城籍的御厨忽然想起家乡油茶的功效，就赶紧准备，做出了一碗恭城油茶奉上。乾隆喝后顿感口舌生津，胃口大开，整个人也神清气爽起来，欢喜之下，称赞恭城油茶为"爽神汤"。

2. 灌阳油茶

灌阳油茶的起源已经很难说清楚了。有一种说法是油茶的起源与灌阳的地理位置有关。灌阳地处桂北山区，两条山脉中间夹着一条秀丽的灌江，灌江水浇灌着这片古老的土地。这里土地肥沃，高山密林中生长着大片的茶树。这种茶树制成的茶叶，加上几块生姜和少许猪油，能够帮助早期居住在深山密林中的瑶族百姓驱寒除邪，除去山里较重的瘴气。久而久之，这种饮食习惯深深融入灌阳人的一年四季、一日三餐，融入了灌阳人的灵魂，形成了灌阳一种独特的饮食文化。

1976年，在灌阳县新街乡古城岗挖掘唐代墓葬时，出土了一件带锅嘴的青铜温酒器，这件青铜器有耳、长柄和三个足，长柄为枭首形。现代的灌阳油茶锅与之相比，只是少了三个足，可一把火塘的撑架与油茶锅叠在一起，就与青铜器非常相似了。当今油茶锅与撑架是分离的，主要是方便筛茶。由此可见，可能早在唐代，灌阳就有煮茶、筛茶的习惯了。

3. 平乐油茶

从百年的桂江黄氏家谱记载中发现，平乐县饮用油茶的习惯始于桂江船家（见图1-1）以及当地瑶族百姓，并逐渐传播至平乐岸上大部分居民，形成如今平乐人普遍爱"打油茶"的饮食习惯。据20世纪40年代的《平乐县志》记载："油茶为本邑民众所同嗜，盖以平日所汲取以供饮料者，河水性寒，唯长饮油茶可以辟之，尤宜于冬季，初饮者觉其味咸辣苦涩俱有，久居者则嗜之成癖，亦此间特殊饮食品也，人第知平乐居民之主中馈者，日必打油茶。"

图1-1 桂江船家油茶

4. 三江油茶

三江油茶与具有侗家"女神"称号的一位功德卓著的"萨"（祖母）有关。在湘、黔、桂三省区交界方圆数百里都流传着她的故事。相传，有一位侗族姑娘，父母早亡，由姑妈养大。一个偶然的机会，她参加邻村的活动，不但学会了侗族大歌，还学会了制作油茶。后来，她一边钻研油茶技艺，一边教家乡的妇女"打油茶"，丰富大家的生活，帮大家用技艺增加收入，为家乡架桥铺路等。她积善成德，五福临门，活到了九十九岁。

二、广西地方油茶的做法

"打油茶"兼有煮油茶、喝油茶的意思，以茶汁和其他食品配制成咸、辛、苦、甘、香五味俱全的油茶汤。目前，油茶茶馆遍布广西的各个城市，喝油茶已经成为广西人的一种时尚饮食文化。

油茶不说煮而称"打"，这是广西各地的统一叫法。油茶的普遍制作方法是以老叶茶为主料，用油炒至微焦而香，加水煮沸，并加生姜同煮，味浓而涩，涩中带辣。油茶还有"一锅苦，二锅呷（涩），三锅四锅是好茶"的说法。一锅茶水被饮完后，还可向锅内加入清水再次熬煮，如此重复熬煮可煮出4~5锅。这样一锅一锅煮下来，浓烈的味道逐渐减退，饮茶人可以依据自己的喜好选择油茶的锅次。

油茶在配料方面也与一般饮茶方式不同，根据生活习惯的不同，放的配料也不同。配料主要有大米、黄豆、花生米、芝麻、笋干、葱花、糯米饭等。恭城一带还会再加磨碎的花生，使味道多了醇厚少了涩。恭城油茶因煮的时间等恰到好处，被誉为各地油茶之最，享誉广西各地。

喝油茶还必须配以各种小吃，主要是各种油炸和炒香的食品。如炒黄豆、炒花生米、爆玉米、炸花生米等，有时也会搭配糯米饭团或糯米糍粑。

三、广西地方油茶的功效

恭城油茶被誉为"长寿密码"，还被乾隆皇帝赐名"爽神汤"，皆因油茶具有消食健胃、驱湿避瘴的作用，是世代居住在山区的瑶族百姓根据山地潮湿、瘴气重的地理环境而发明的一种保健饮品。油茶的功能还不止于此。如今，各地游客慕名而来，让"油茶经济"日渐兴起。油茶不再是百姓餐桌上的美食，而成为一种悠久的饮食文化的代表，走出大山，走向世界。油茶的各种功效功不可没。

1. 营养功效

现代科学研究发现，茶叶有助于预防和治疗人体的多种疾病。据科学测定，茶叶含有儿茶素、茶多酚、咖啡因，以及多种维生素和无机盐，具有保健作用。茶叶中的茶多酚、维生素C、维生素E、β-胡萝卜素都是有效的抗氧化剂，能防止细胞DNA受损。硒、锌等微量元素能提高人体免疫力，加强人体防病抗病能力。茶叶中的咖啡因是一种中枢神经兴奋剂,它能暂时使人兴奋并恢复精力,还能促进发汗,有利尿作用。茶多酚还能清除机体过量的自由基,抑制和杀伤病原菌。因此,喝油茶对于预防疾病,提神醒脑,健胃消食有一定营养功效。

油茶很重要的原料生姜含有生姜辣素和姜油酮等生理活性物质,还含有蛋白质、维生素和多种微量元素,有解表散寒、温中止呕、解毒等保健功效。俗语说:"冬吃萝卜夏吃姜,不用医生开药方。"可见,姜对人体保健有一定作用。有的家庭"打油茶"里还放花生米和大蒜。花生含有脂肪、蛋白质、维生素、无机盐、氨基酸等。大蒜含有丰富的蛋白质、低聚糖、维生素及微量元素。大蒜切碎后,其中的蒜氨酸会形成大蒜素,具有很好的保健功能。而且这些原料都取材于山野之中,可以说是绿色食品。

油茶具有咸、辛、苦、甘、香等味。清晨喝它可充饥解渴,晚上喝它可提精养神;炎夏喝它能消暑解热,严冬喝它能祛湿祛寒;劳作前喝它可添劲耐劳,劳作后喝它可消除疲劳。喝油茶对人体有一定排毒养颜、清理肠胃的保健作用,长期饮用有助于健康长寿。

2. 文化功效

(1)交际文化。去广西做客,主人会热情地招呼客人坐下,然后放下手中的活儿,打上一锅油茶。打一锅油茶就像招待客人时请一支烟或递一杯水一样平常。客人会在一杯杯油茶中敞开胸怀。主人"打油茶"时动作干净利落,能体现主人的勤劳能干。客人喝茶时动作的急缓,也能体现出客人做事的风格。

(2)礼仪文化。"莫讲瑶家礼信差,进屋就喊喝油茶。油茶好比仙丹水,龙肉煮汤不如它。"广西很多地方,人们不分男女老幼,上至百岁长者,下至三岁小孺,都有喝油茶的爱好。每天早上,晨光熹微,街坊四邻"打油茶"声四起,此起彼伏,颇有"茶槌两三声,香飘千万家"的意趣,体现了当地人热情好客、尊老爱幼、注重保健、邻里和谐的文化理念。

(3)勤俭文化。在桂北山区,"打油茶"不失为一种节俭的待客之道。在过去相当长的时期内,人们"打油茶"仅仅是为了充饥,打几杯油茶,泡上一点稀饭,就算是一餐了。这样一种本来用来维持生存的饮料里渗进了人们自力更生、厉行勤俭的思想。无论到哪里,无论今天条件如何,艰苦奋斗、勤俭节约的光荣传统已深深地融入了"油茶人"的灵魂。

3. 经济功效

以恭城油茶为例,恭城油茶与地区产业已实现快速融合发展。2011年以来,恭城每年都举办的油茶文化节,让八方宾客品尝到了这一正宗的瑶乡美食,使恭城油茶的名声越传越广。恭城建有"油茶小镇",集民族文化、风情展示、特色餐饮、旅游休闲、养生度假为一体,油茶成为恭城瑶族自治县一个展示非物质文化遗产的重要窗口,也日渐成为恭城人的文化课题和民间文化的一种表现形式。民间创作的广场舞《油茶歌》《打油茶》《油茶情歌》《瑶家油茶香》等广受欢迎,甚至达到了家喻户晓的程度。以恭城油茶为背景,以宋朝恭城籍监察御史周渭为原型的大型彩调剧《一品油茶七品官》获得广西壮族自治区党委宣传部"五个一工程"奖。

恭城油茶这一瑶家的"传世之宝",已经以一种文化的形式,形成了产业,就像插上了翅膀,飞向大江南北,飞向五湖四海。"恭城油茶喷喷香,饱口福来益健康。千秋风物瑶家宝,五洲四海美名扬。"

四、广西地方油茶的传承与发展

从恭城油茶来看油茶的传承与发展。2008年,"油茶制作工艺(恭城油茶)"被列入广西壮族自治区第二批自治区级非物质文化遗产名录;2010年,恭城瑶族自治县油茶协会成立;2010年,恭城油茶获得国家地理标志证明商标注册证书;2017年,广西恭城瑶族自治县工商行政管理和质量技术监督局等制作的《恭城油茶制作技术要求》(DB45/T 1479—2017)和《恭城油茶服务质量规范》(DB45/T 1480—2017)批准发布;2019年,恭城油茶"最多人一起打油茶"吉尼斯世界纪录称号挑战成功;2021年,"茶俗(瑶族油茶习俗)"被列入第五批国家级非物质文化遗产代表性项目名录扩展项目名录;2022年,"茶俗(瑶族油茶习俗)"和全国其他43个茶项目一起被列入联合国教科文组织人类非物质文化遗产代表作名录。目前,恭城建成1个市级瑶族油茶传承展示基地、1个县级油茶传承基地,共培养县级油茶传承人14人、市级油茶传承人4人、自治区级油茶传承人3人。

油茶非遗传承人周黎维(见图1-2),男,瑶族,1977年4月出生,恭城瑶族自治县栗木镇人,2021年被认定为"瑶族油茶习俗"自治区级非物质文化遗产代表性传承人。

周黎维自幼生活在"打油茶"习俗盛行的恭城瑶族自治县栗木镇,从小耳濡目染家乡浓郁的油茶气息,使他对"打油茶"产生了浓厚的兴趣。加上家族里不乏"打油茶"的好手,这为他日后学习"打油茶"技艺提供了得天独厚的条件。2000年,周黎维自主创业,在桂林市开了一家恭城油茶馆,经营之余仍不忘继续学习"打油茶"。随着对油茶文化的了解,他更加清醒地认识到,"打油茶"技艺作为瑶族先民留下的宝贵遗产,是瑶族文化的重要载体。他决心把正宗恭城油茶技艺传承下去,并发扬光大。他四处访师,以技会友,参加各类茶艺比赛及展示,努力学习、传承瑶族油茶技艺,

图1-2 恭城油茶非遗传承人周黎维

传播油茶文化,练就了一手"打油茶"绝技。他"打油茶"时,对原材料一抓一个准,比例恰到好处,打出的油茶色泽金黄鲜亮,滋味甘爽醇厚,别具特色。近年来,周黎维先后获得恭城油茶制作和产业发展方面多个奖项,经营的油茶店被恭城瑶族自治县人民政府评为"恭城油茶标准制作单位"。周黎维2018年9月获得"广西地方油茶制作专项职业能力证书",2019年被认定为县级"恭城油茶制作工艺"代表性传承人,2021年被广西壮族自治区文化和旅游厅认定为国家级非物质文化遗产代表性项目"瑶族油茶习俗"的自治区级非物质文化遗产代表性传承人。

为发展油茶技艺,让恭城油茶得到有效传承,周黎维时刻不忘肩负的责任,经常深入民间指导交流,把技艺传授给家乡人民,培养更多传承人。2018年起,他积极参与中央电视台新闻频道(CCTV-13)直播的《桂林东西巷国庆中秋民俗文化——恭城瑶族油茶习俗展示》、中国—东盟博览会旅游展北京新闻发布会"恭城油茶制作技艺"展示等国内国际活动,推广恭城瑶族油茶,传播油茶文化。

学习单元 2

食品安全与操作规范

食品是人类赖以生存和发展的基本物质条件，食品安全涉及人类最基本权利的保障，关系到人民的健康和幸福，关系到国家的稳定和强盛，更关系到"中国梦"的实现。随着经济社会不断进步，经济全球化不断发展，人们饮食更加多样化，食品安全成为备受关注的热门话题，牵动着广大民众的心，食品安全问题已成为全国消费者关注的焦点。保障食品安全是餐饮从业人员为人民服务的必要条件，否则餐饮服务将会存在巨大的安全风险，可能造成惨重的经济损失和生命代价，相关从业人员还会面临法律制裁，给家庭和社会带来极大的危害。因此，国家一直以来十分重视食品安全工作，从法律保障、执法检查、宣传教育等多方面、全方位构筑社会共治的食品安全保障体系。食品安全相关知识一直以来都是餐饮从业人员学习、培训的必修内容。油茶是一种食品，广西地方油茶制作属于餐饮行业，因此相关从业人员必须认真学习掌握食品安全与操作规范内容。

一、食品安全与操作规范的重要性

"民以食为天，食以安为先"是千百年来，人们以生命和健康为代价换来的对食品安全重要性的认识。餐饮从业人员学好并实践食品安全与操作规范至关重要。食品安全与操作规范是指导烹饪岗位实践的重要操作标准。中华人民共和国人力资源和社会保障部公布的《中式烹调师国家职业技能标准（2018年版）》《西式烹调师国家职业技能标准（2018年版）》《中式面点师国家职业技能标准（2018年版）》《西式面点师国家职业技能标准（2018年版）》中，食品安全与操作规范的相关内容均作为基本要求的重要组成部分，指导烹饪岗位从业人员规范操作，保障餐饮服务过程的食品安全。食品安全与操作规范也是规范餐饮业发展的重要保障。餐饮业在我国居民生活中占有重要地位。近年来，伴随经济社会发展和互联网与餐饮的深度融合，网络订餐、无人售卖等餐饮服务经营新理念、新模式、新业态不断涌现，餐饮服务食品安全新情况、新问题、新挑战层出不穷。餐饮业的发展不注重安全，则高质量发展就无从谈起。因此，在餐饮业践行食品安全与操作规范，是规范餐饮业发展的重要保障。

学习食品安全与操作规范是保障《中华人民共和国食品安全法》在餐饮业实施的重要手段。《中华人民共和国食品安全法》作为我国食品安全领域的"母法"，其下还有一系列法律法规及标准等共同构成保障食品安全的规范体系，其中与餐饮业关系较为密切的是《餐饮服务食品安全操作规范》。

二、食品安全基本操作规范的学习目标

1. 了解餐饮从业人员健康管理及培训考核要求，增强食品安全意识，提高保障食品安全的能力。
2. 了解餐饮从业人员个人卫生操作规范。
3. 掌握烹饪原料采购岗位的食品安全操作规范。
4. 掌握烹饪原料库房管理岗位的食品安全操作规范。
5. 了解食品添加剂的概念，了解食品添加剂的功能分类、食品添加剂安全使用操作规范。
6. 了解烹饪原料初加工岗位的食品安全操作规范。

三、食品污染的危害及预防控制措施

食品污染是指危害人体健康的有害物质进入正常食品的过程。食品污染会造成食品安全性、营养性、感官性状的变化，改变或降低食品原有的营养价值和卫生质量，对人体产生危害。

食品污染缘于在食品生产、运输、储存、销售等各个环节的不规范操作。按照食品污染源的不同性质，一般可以将食品污染分为生物性污染、化学性污染和物理性污染。

1. 食品污染的危害

受到污染的食品被人们食用后会对健康有一定的危害，由于食品污染的种类不同，对人体造成的危害也有所不同。

（1）生物性污染的危害。生物性污染可以使食品出现变味、变形、变色等，使食品的感官性状恶化，出现腐败、变质、霉烂，失去其营养价值。生物性污染还可以使食品产生有害毒素，如细菌毒素、真菌毒素等。这些毒素进入人体后侵入体细胞组织，使人感染致病或中毒。例如，黄曲霉毒素具有肝毒性，能抑制肝细胞DNA（脱氧核糖核酸）、RNA（核糖核酸）和蛋白质的合成。若一次口服中毒剂量的黄曲霉毒素，则可出现肝细胞坏死、胆管上皮增生、肝脂肪浸润及肝出血等急性病变。除此之外，研究表明黄曲霉毒素与原发性肝癌的发生有关。

（2）化学性污染的危害。食用含有残留化学农药的食品，残留物含量大可引起人体急性中毒，残留物含量小但长期摄入可能会导致慢性中毒，主要表现为胎儿生长迟缓、不孕、流产、死胎等生育功能障碍，有的还可通过母体使胎儿畸形等。食用被某些重金属元素污染的食品对人体毒害较大。例如，长期摄入镉可引起镉中毒，主要损害肾脏、骨骼和消化系统，临床上出现蛋白尿、肾性氨基酸尿和糖尿，使体内出现负钙平衡而导致骨质疏松症，还会引起高血压、动脉粥样硬化、贫血等。又如，长期摄入铅可引起铅中毒。铅的毒性主要作用于神经系统、造血系统和肾脏。儿童摄入过量铅可影响其生长发育，导致智力低下。除此之外，N-亚硝基化合物、多环芳烃、杂环胺类等污染物对人体都具有致癌性。

（3）物理性污染的危害。摄入被放射性物质污染的食品后，会对人体内各种组织、器官和细胞产生长期内照射效应，轻者表现为脱发、感染、腹泻、呕吐等症状，重者出现免疫系统、生殖系统疾病。内照射效应还有致癌、致畸、致突变作用。

2. 食品污染的预防控制措施

食品污染是不规范操作造成的，所以，有效控制食品污染的发生要做到严格遵守操作规范。

加强《中华人民共和国食品安全法》及相关法律法规的普法宣传，贯彻落实《餐饮服务食品安全操作规范》，严格按照规范操作，防止各种食品污染的发生。注重个人卫生，做到"四勤"，即勤洗手剪指甲、勤洗澡理发、勤洗衣服被褥、勤换工作服。食品存放要做到"四隔离"，即生与熟隔离，成品与半成品隔离，食品与杂物、药物隔离，食品与天然冰隔离；不仅要做到直接隔离，也要防止由于接触工具、容器等发生间接性污染，如加工刀具、容器等未实行生熟标记隔离，而导致交叉污染。注重对食材的挑拣、浸泡、清洗、去皮等，减少农药在食品中的残留；合理采用食品加工烹调方法，尽量不用或少用食品添加剂，禁止超量和非法添加，防止化学物质对食品造成污染；严格按照国家标准使用食品的容器和包装材料，防止出现有害化学物质溶出污染食品；采用先进的加工和检验设备，定期清洗专用的池、槽并消毒，做好防尘、防蝇、防鼠、防虫；环境卫生清洁可采取"四定"办法，即定人、定物、定时、定质量，划片分工，包干负责，考核标准清晰。

四、餐饮从业人员卫生操作规范

《餐饮服务食品安全操作规范》对人员卫生规定如下。

1. 个人卫生

从业人员应保持良好的个人卫生，不得留长指甲、涂指甲油。工作时，应穿清洁的工作服，不得披散头发，佩戴的手表、手镯、手链、手串、戒指、耳环等饰物不得外露；食品处理区内的从业人员不宜化妆，应戴清洁的工作帽，工作帽应能将头发全部遮盖；进入食品处理区的非加工制作人员，应符合从业人员卫生要求。

2. 口罩和手套

（1）专间的从业人员应佩戴清洁的口罩。专间是指处理或短时间存放直接入口食品的专用加工制作间，包括冷食间、生食间、裱花间、中央厨房和集体用餐配送单位的分装或包装间等。

（2）专用操作区内从事下列活动的从业人员应佩戴清洁的口罩：现榨果蔬汁加工制作，果蔬拼盘加工制作，加工制作植物性冷食类食品（不含非发酵豆制品），对预包装食品进行拆封、装盘、调味等简单加工制作后即供应的，调制供消费者直接食用的调味料，备餐。专用操作区是指处理或短时间存放直接入口食品的专用加工制作区域，包括现榨果蔬汁加工制作区、果蔬拼盘加工制作区、备餐区（指暂时放置、整理、分发成品的区域）等。

（3）其他接触直接入口食品的从业人员，宜佩戴清洁的口罩。

从业人员如佩戴手套，佩戴前应对手部进行清洗消毒。手套应清洁、无破损，符合食品安全要求。手套使用过程中，应定时更换手套，出现要求重新洗手消毒的情形时，应在重新洗手消毒后更换手套。手套应存放在清洁卫生的位置，避免受到污染。

3. 手部清洗消毒

（1）手部清洗方法。从事接触直接入口食品工作的从业人员，加工制作食品前应洗净手部并进行手部消毒。手部清洗方法如下。

1）打开水龙头，用自来水（宜为温水）将双手弄湿。

2）双手涂上皂液或洗手液等。

3）双手互相搓擦20秒（必要时以洁净的指甲刷清洁指甲）。工作服为长袖的应洗到腕部，工作服为短袖的应洗到肘部。

4）用自来水冲净双手。

5）关闭水龙头（手动式水龙头应用肘部或以清洁纸巾包裹水龙头将其关闭）。

6）用清洁纸巾、卷轴式清洁抹手布或干手机干燥双手。

（2）手部消毒方法。消毒手部前应先洗净手部，然后参照以下方法消毒。

方法一：将洗净后的双手在消毒剂水溶液中浸泡20～30秒，用自来水将双手冲净。

方法二：取适量的乙醇类速干手部消毒剂于掌心，按照标准的清洗手部的搓擦方法充分搓擦双手20～30秒，搓擦时保证手部消毒剂完全覆盖双手皮肤，直至干燥。

（3）重新洗净手部的情形。加工制作过程中，应保持手部清洁，出现下列情形时，应该重新洗净手部。

1）加工制作不同存在形式的食品前。

2）清理环境卫生、接触化学物品或不洁物品（落地的食品、受到污染的工具容器和设备、餐厨废弃物、钱币、手机等）后。

3）咳嗽、打喷嚏及擤鼻涕后。

4）进行使用卫生间、用餐、饮水、吸烟等可能会污染手部的活动后。

另外，加工制作不同类型的食品原料前宜重新洗净手部。

（4）重新洗净手部并消毒的情形。从事接触直接入口食品工作的从业人员，加工制作食品前应洗净手部并进行手部消毒。加工制作过程中，应保持手部清洁。出现下列情形时，应重新洗净手部并消毒。

1）接触非直接入口食品后。

2）触摸头发、耳朵、鼻子、面部、口腔或身体其他部位后。

3）有应重新洗净手部的情形。

4．工作服

工作服宜为白色或浅色，应定点存放，定期清洗、更换。从事接触直接入口食品工作的从业人员，其工作服宜每天清洗更换。食品处理区内加工制作食品的从业人员使用卫生间前，应更换工作服。工作服受到污染后，应及时更换。待清洗的工作服不得存放在食品处理区。专间和专用操作区与其他操作区从业人员的工作服应有明显的颜色或标识区分。专间内从业人员离开专间时，应脱去专间专用工作服。

五、餐饮从业人员安全操作规范

餐饮从业人员安全操作规范是餐饮行业沿袭下来的、为保障餐饮场所安全及餐饮从业人员自身安全而设立的规章制度，主要包括刀具使用安全、用油安全、用电安全及燃气使用安全等。

1. 刀具使用安全

刀具使用不当，会对使用者自身及他人人身造成伤害。刀具使用完毕应放入刀箱、刀架，并加锁；工作时，不能持刀游戏玩耍，不能以刀口对人；手拿刀具时，手心紧握刀柄，并将手紧贴于身体的侧前方；持刀工作时，应注意力集中，刀法运用正确，操作熟练；刀具不慎滑落，不要用手接或挡。

2. 用油安全

油是可燃物品，操作时一定要注意：在油锅加热时不能离开岗位；容器盛装热油不超过五分满，端起时要垫布操作，不使用手柄松动的锅和手勺；油锅加热过程中，要控制好油温；老油应及时更换。

3. 用电安全

清洗电器时，必须断电；突发断电时，不得随意触碰设备；清洗厨房设备时，不要将水洒到电源插座和开关上；下班时关闭所有电灯、排气扇、电烤箱等电器。

4. 燃气使用安全

点火时使用专用点火棒，不用纸张等易燃物引火；点火时，坚持"火等气"原则，即先将点燃的点火棒凑近火眼，再拧开灶具开关点燃灶具；及时清理炉灶火眼内的食物残渣，防止火眼堵塞；各种液化气灶具开关必须用手开闭，不得用其他器具敲击开闭；灶具使用完毕，立即将开关关闭。

培训任务 2

广西地方油茶典型代表

学习单元 1

恭城油茶

一、恭城油茶简介

恭城油茶（见图2-1）是瑶族百姓喜爱的、富有民族和地域特色的传统饮食，历史悠久。它以茶叶、生姜、水和食用油为主料，经加热捶打、加水煮沸、过滤出锅等工艺制作而成，可直接饮用，具有恭城瑶族特色。2010年，"恭城油茶"获得国家地理标志证明商标注册证书，成为广西首个小吃类地理标志证明商标。

图2-1 恭城油茶

2021年，恭城"瑶族油茶习俗"入选第五批国家级非物质文化遗产代表性项目名录扩展项目名录。

二、恭城油茶制作工具

制作恭城油茶的工具较为特别，俗称"三件套"，即油茶锅、油茶隔、木槌（见图2-2）。油茶锅是用生铁铸成的带嘴的专用茶锅，直径18~25厘米，形状如瓢。最早制作油茶的老百姓也用炒菜的铁锅,用锅铲拍打茶叶,再放水煮茶,这样煮出的茶不够酽。后来有人用石臼、木臼来捣碎茶叶,然后放入锅中用水煮开,茶够酽,但这样做稍显麻烦,于是人们发明了这种带嘴的茶锅,经久耐用,由此可见劳动者的聪明才智。为了捶好油茶,还得选用一把"7"字形的木槌,这种木槌多为自然生成,由茶树、柚木等木质坚硬的材料稍作加工制成。油茶隔是一种过滤茶叶渣的工

图 2-2 油茶锅、油茶隔、木槌

具,一般有竹编和藤编两种,形如蝌蚪,筛孔直径小于 0.1 厘米。

三、恭城油茶制作原料

要想做出一碗地道的恭城油茶,原料的选择是极其重要的。恭城油茶的原料主要有茶叶、植物油或动物油、生姜、大蒜、水、葱、花生米等。其中,茶叶要选用绿茶,以清明茶、谷雨茶、白露茶为佳,生姜当选用辛辣、味浓的老姜为宜。制作恭城油茶主要原料如图 2-3 所示。

茶叶(75~125克)　　生姜(30~50克)　　油(8~15克)

大蒜(适量)　　花生米(适量)　　葱(适量)

图 2-3 制作恭城油茶主要原料

四、恭城油茶制作步骤

1. 茶叶浸泡

用开水将茶叶浸泡 5~10 分钟或放入锅中加热煎煮，使茶叶变软，用清水冲洗后，把茶叶里的水挤出来，如图 2-4 所示。

图 2-4 茶叶浸泡

2. 加料炒制

将油茶锅放在火上加热，烧干水，将浸泡好的茶叶、生姜、花生米、大蒜、葱依次放入油茶锅中，用小火炒制，如图 2-5 所示。

图 2-5 加料炒制

3. 加热捶打

在小火加热炒制的同时用木槌轻轻捶打。待茶叶、生姜、花生米、大蒜、葱等微烂后，改用中火，继续捶打至形成锅粘（制作恭城油茶时，茶叶、生姜等原料经过加热、捶打后，打碎并均匀地粘在油茶锅底的细末），再加入油，改用大火，继续捶打至锅粘微黄，如图2-6所示。

图2-6 加热捶打

4. 加水煮沸

原料被捶打至微黄后，分两次加入开水。第一次加水，将少量开水缓缓倒入茶锅中，并用木槌轻捶锅粘，使水与锅粘充分融合；第二次加水，加水量以油茶锅的1/2或2/3为宜，如图2-7所示，用木槌搅拌均匀，煎煮至沸腾。

图2-7 加水煮沸

5. 过滤出锅

将煮沸腾的油茶用油茶隔过滤到容器中,即成第一锅恭城油茶,如图 2-8 所示。

图 2-8　过滤出锅

第一锅完成后,可将茶渣再次放入油茶锅中按以上步骤制作出第二锅、第三锅、第四锅油茶,如图 2-9 所示。

图 2-9　制作第二锅、第三锅、第四锅油茶

注意:第一锅、第二锅、第三锅、第四锅恭城油茶可混合或不混合,捶打前可加入或不加入新的茶叶及生姜等。

广西地方油茶制作

> **Tips 特别提示**
>
> 1. 浸泡茶叶
>
> 茶叶在浸泡时要注意浸泡时间,茶叶泡开或泡软即可冲洗并挤干水。
>
> 2. 火候
>
> 火候要把握得当,炒制时火力大小要灵活控制,以有少许锅粘又不炒焦为宜。
>
> 3. 加油
>
> 加入油时,火力要得当,油要适量。加油同时用木槌轻轻捶打,待茶叶、生姜等锅粘微黄即可加水。
>
> 4. 捶打
>
> 捶打时,力度要把握好,做到轻、准、巧。力度的把握需要有一定的实际操作经验。
>
> 5. 加水
>
> 加水时,要加入开水,不能加入冷水。最好采用山泉水,山泉水富含无机盐,捶打出的油茶色香味俱全。

学习单元 2

灌阳油茶

一、灌阳油茶简介

灌阳油茶（见图2-10）是桂北山区灌阳县及全州县两河镇、石塘镇一带比较流行的民间传统茶饮，广受人民群众的喜爱。长久以来，人们一年四季、一日三餐都离不开它。无论是招待亲朋好友，还是陌生客人，无论是红白喜事，还是家常小聚，喝油茶都是当地百姓重要的待客之道。灌阳地处桂北山区，山高林密，云缠雾

图2-10 灌阳油茶

绕，山里的瘴气很重，住在深山密林里的百姓为了驱寒除邪，就发明了这样一种以茶叶和生姜为主料的饮料。灌阳与恭城相邻，两地油茶做法非常相近，但也有一些区别。从制作工艺及口味上来说，灌阳油茶更像一道添加各种配料的茶汤。灌阳油茶以茶叶、生姜和水、食用油为主料，配以米粉、面条、猪肉、玉米、红薯等各式配料，经捶打、加热煮沸、过滤出锅等程序制作而成，如果用骨头汤取代开水制作则口味更为鲜美。

2020年,"灌阳瑶族油茶技艺"被列入广西壮族自治区第五批自治区级非物质文化遗产代表性项目名录。

二、灌阳油茶制作工具

制作灌阳油茶的工具如图 2-11 所示。油茶锅由生铁铸成,锅体带有凸出的滤嘴,直径约 35 厘米,形状如水瓢。初次使用油茶锅时,需要用瓦块、石片打磨锅体内壁,使其光滑细腻。然后用猪油开锅,再用废茶叶反复熬煮几遍即可。当地也有人用炒菜的铁锅来制作灌阳油茶,用锅铲拍打茶叶,再放水煮茶,只是这样熬煮出来的油茶茶汤味道没有那么浓郁。后来又有人与时俱进地使用破壁机来制作油茶,口味也不错,不失为适应城市快节奏生活方式在油茶制作上的一种体现。木槌与油茶锅配套,呈"7"字形,

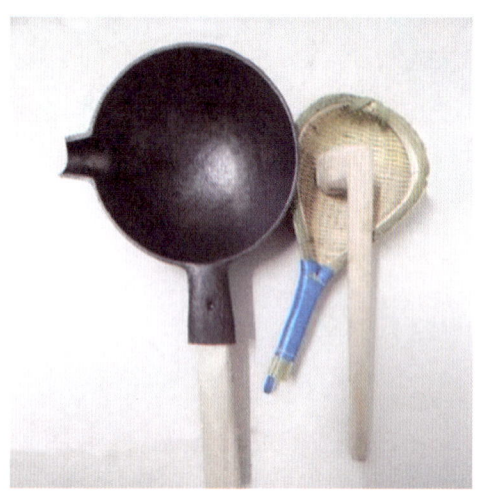

图 2-11　灌阳油茶制作工具

一般采用自然长成的茶树、柚木等树的天然树杈削制而成,用于捣碎茶叶等原料。油茶隔通常采用竹条或藤条编制而成,可以方便地滤出茶渣,因此得到普遍使用。有些灌阳人滤茶不用油茶隔,仅用竹筷夹起一个酸辣椒,挡在油茶锅滤嘴处滤茶。但在一般情况下,滤茶还是使用油茶隔。

三、灌阳油茶制作原料

传统的灌阳油茶对于原料的选择要求不高,往往因地取材,制作灌阳油茶的原料主要有茶叶、植物油或动物油、生姜、大蒜、水、葱、花生米、排骨、青菜、粉丝、酸辣椒、麻蛋果等。茶叶是最主要的原料,煮油茶的茶叶一般采自灌阳深山里纯天然生长的高山老茶树,每年谷雨后采摘,选取鲜嫩的茶树叶制作而成。生姜则选用当地出产的高山老黄姜,这种生姜口味辛辣、香味浓郁,最适合用来制作姜茶或油茶。油以新鲜肥猪肉熬制的猪油为佳,如能添上一些新鲜的鸡冠油则更佳,熬煮出来的油茶茶汤色泽金黄、口味醇厚,让人欲罢不能。制作灌阳油茶主要原料如图 2-12 所示。

图 2-12 制作灌阳油茶主要原料

四、灌阳油茶制作步骤

1. 茶叶浸泡

用开水将茶叶浸泡 5～10 分钟或放入锅中加热煎煮，使茶叶变软，用清水冲洗后，把茶叶里的水挤出来，如图 2-13 所示。

2. 加料炒制

油茶锅放火上加热，放入猪油烧热，将挤干水的茶叶、生姜、排骨、花生米、大蒜、葱依次放入油茶锅中，用小火炒制，如图 2-14 所示。

3. 加热捶打、煮沸

在用小火加热炒制的同时，用木槌轻轻捶打，待茶叶、生姜微烂后，加入开水，改大火继续煮至沸腾，可放入一些青菜，如图 2-15 所示。

图 2-13 茶叶浸泡

图 2-14 加料炒制

图 2-15 加热捶打、煮沸

4. 过滤出锅

待排骨、青菜煮熟后,将其捞出放入油茶碗中,将沸腾的油茶茶汤用油茶隔过滤到容器中或直接倒入放好粉丝、酸辣椒、麻蛋果等配料的油茶碗中,即成香气浓郁的灌阳油茶,如图 2-16 所示。

图 2-16 过滤出锅

第一锅油茶制作完成后,可将茶渣再次放入油茶锅中,再加入其他配料如玉米、嫩南瓜等,按照同样的方法稍稍捶打片刻,即成第二锅、第三锅油茶,如此重复一直可以捶打四至五锅油茶。后面茶味变淡,可以酌情添加少量茶叶、生姜,继续制作,如图 2-17 所示。

图 2-17 继续制作

广西地方油茶制作

> **Tips 特别提示**
>
> 1. 浸泡茶叶
>
> 茶叶在浸泡时要把控好浸泡的时间，茶叶泡开、泡软即可。
>
> 2. 火候
>
> 煮茶时要控制好火力的大小。捶打时火不能太大，而煮茶时火力要大，还要使油茶茶汤在茶锅中翻滚而不四溅。整个操作过程中要灵活控制火力的大小。
>
> 3. 加油
>
> 加入的油要适量，让原料的风味在热力和油的作用下被激发出来，同时避免粘锅。
>
> 4. 捶打
>
> 灌阳油茶的特色在煮而不在捶，因此捶打时要稳、准、巧，捶碎姜块、茶叶及葱头即可，避免原料到处飞溅。

学习单元 3

平乐油茶

一、平乐油茶简介

平乐制作油茶的历史由来已久。平乐县古称昭州，隶属于广西壮族自治区桂林市，位于广西东北部、桂林市东南部，当地三江汇流，百姓临水而居，湿气较重。于是当地人就喝油茶来驱寒祛湿。因为以前都是在水上"打油茶"，所以也叫"水上油茶"。平乐油茶（见图 2-18）以茶叶、生姜、花生米和水为主料，经捶打、煎炒、加热煮沸、过滤出锅等工艺制作而成。制作平乐油茶有"一锅苦、二锅辣、三锅四锅好油茶"

图 2-18　平乐油茶

之说。将过滤好的三到四锅油茶混合之后，味道浓淡合宜，富有层次感。混合后的油茶色泽乳白，鲜香宜人，姜辣味浓，集茶香、葱香、蒜香、姜香于一身，别有一番风味。

二、平乐油茶制作工具

制作平乐油茶的工具较为特别，有石臼（见图2-19）、铁锅等。石臼是以各种石材制造的，用以砸、捣、研磨药材、食材等的工具。铁锅用生铁铸成，可用普通炒菜的铁锅。

图2-19 石臼

三、平乐油茶制作原料

制作平乐油茶的原料主要有茶叶、生姜、大蒜、葱、花生米、花生油、水等。其中，茶叶是最为特别的，由三种茶叶混合而成，分别是铁观音、石崖茶、绿茶。石崖茶主要生长在平乐县高海拔原始森林的悬崖绝壁上，古时驯猴采摘，民间又称"猴摘茶"，是原生态纯天然绿色食品，谷雨前后采摘的野生石崖茶，具有独特的口味和令人难以忘怀的清香，是制作平乐油茶的最佳选择。生姜应选用黄姜，大蒜则可选用玉林香蒜。制作平乐油茶主要原料如图2-20所示。

茶叶（75～125克）　　生姜（30～50克）　　花生油（8～15克）

大蒜（适量）　　花生米（适量）　　葱（适量）

图2-20 制作平乐油茶主要原料

四、平乐油茶制作步骤

1. 茶叶浸泡

用开水将茶叶浸泡 5~10 分钟或放入锅中加热煎煮，使茶叶变软，用清水冲洗后，把茶叶里的水挤出来，如图 2-21 所示。

图 2-21　茶叶浸泡

2. 用石臼捣烂

把泡好的茶叶、生姜、大蒜、葱、花生米倒入石臼中捣烂，直至原料呈黏稠状，如图 2-22 所示。

图 2-22　用石臼捣烂

3. 加热炒制

将捣烂的原料放入锅中，用小火翻炒至有香味，加入少许花生油，继续用小火加热炒制，待香味四溢，如图 2-23 所示。

图 2-23　加热炒制

4. 加水煮沸

将开水缓缓倒入茶锅中，煮至沸腾，如图 2-24 所示。

图 2-24　加水煮沸

5. 过滤出锅

将煮沸的油茶用油茶隔过滤到容器中，即成第一锅平乐油茶，如图 2-25 所示。

第一锅完成后，可将茶渣再次放入石臼中按捣烂、加热、炒制、加水煮沸和过滤出锅的步骤制作出第二锅油茶，如此重复制作三到四锅油茶，如图 2-26 所示。

培训任务 2 | 广西地方油茶典型代表

图 2-25 过滤出锅

 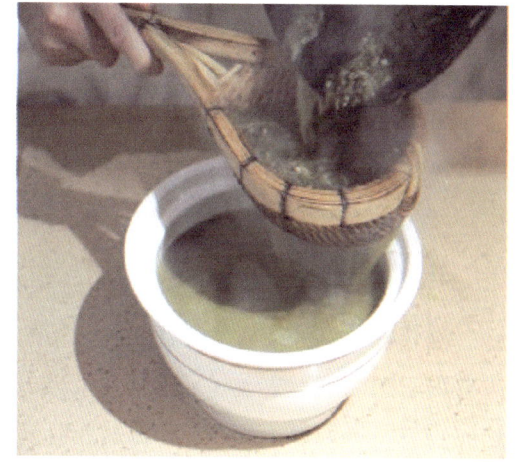

图 2-26 制作第二锅、第三锅、第四锅油茶

> **特别提示**
>
> 1. 火候
>
> 要用小火快速翻炒，否则容易炒焦，破坏油茶茶汤味道。
>
> 2. 捣烂
>
> 每道油茶茶汤滤出后，需要把原料放入石臼中再次捣烂，这样可以把原料的味道充分释放出来。
>
> 3. 混合
>
> 将制作好的各锅油茶混合在一起，得到的油茶浓淡适宜，口感富有层次。

学习单元 4

三江油茶

一、三江油茶简介

三江油茶（见图2-27）是三江地区侗族百姓富有民族和地域特色的日常饮食之一。侗族百姓喜种茶树，代代相传。当地百姓都有"打油茶"的习俗，有些人一天至少要喝三次油茶，早上起来先喝油茶再出工，中午收工回来先喝油茶再吃午饭，傍晚也先喝油茶再做饭。三江油茶的制作有简有繁。百姓家里的一日三次油茶，大多是比较简单的。在油锅里放入老茶叶，炒至半焦状态，冲入开水，煮沸呈黄色后，放盐便成油茶汤，放一小团饭、玉米、豆子之类在碗里，再倒入油茶汤，就可以食用了。通常过年时招待客人的油茶比较讲究，客人要吃四道油茶，这四道油茶又有"一空、二圆、三方、四甜"的讲究。"一空"是指在第一道油茶中仅添加米花、麻蛋果、花生米等基本配料；"二圆"是指第二道油茶在"一空"的基础上添加了水圆（一种糯米小圆子）；"三方"是指第三道油茶在"一空""二圆"的基础上添加了切成方粒的侗粑；"四甜"是指让客人喝第四道油茶时放入糖，以便润喉、清嘴。过年时人们相互拜访，不论到哪一家，一定要吃完这四道油茶，用本地人的说法是"油茶一吃吃到底，不吃到底不讲礼"。

由于三江油茶具有非常鲜明的地域特色，当地政府在启动创建全国旅游标准化省级示范县之后，把部分油茶店列为特色餐饮试点单位，并计划制定《旅游特色餐饮油茶店服务规范》等地方标准在全县范围内推广实施。2015年12月，三江良口乡良口村的杨春环荣获广西壮族自治区非物质文化遗产"侗族打油茶"代表性传承人称号；2017年9月，良口乡和里村的杨应溪荣获广西壮族自治区非物质文化遗产"侗族打油茶"代表性传承人称号。2020年，"侗族打油茶"被列入广西壮族自治区第四批自治区级非物质文化遗产代表性项目名录，三江油茶得到更好、更系统的保护和传承。

图 2-27　三江油茶

二、三江油茶制作工具

制作三江油茶的工具比较简单，一般利用自家炒菜的锅就能制作。由于制作以煮为主，所以也不需要特殊的捶打工具，可以锅铲代替，方便快捷，既能捶打又可翻炒。当地的老百姓制作油茶使用炒菜的铁锅，用锅铲拍打茶叶，再放水煮茶，这样制作出来的油茶茶汤相对没有恭城油茶那么酽，也不像灌阳油茶那么鲜美适口，但是风味独特，品尝后让人欲罢不能。也有人使用带滤嘴的油茶锅来捣茶煮茶，也别有一番风味。新一代三江人比较容易接受新鲜事物，使用不锈钢茶滤来过滤油茶茶汤，工具易得，而且清洗方便，因此茶滤在一些"打油茶"的地区得到广泛的运用。

三、三江油茶制作原料

制作三江油茶的茶叶应选用三江本地产的高山老树茶叶，一般为高山绿茶，其味浓香微苦、回味甘甜，有理气开窍、健脾胃、醒神清目、除烦渴等功效。制作三江油茶还要用山泉水来煮茶，煮茶之前要先洗茶，洗去茶叶表面的尘土及茶叶自身的苦涩味。糯米可选择当地产的"三江大糯"。其他原料还有生姜、大蒜、花生米、葱等。制作三江油茶主要原料如图2-28所示。

茶叶（75~125克）　　生姜（30~50克）　　油（8~15克）

大蒜（适量）　　花生米（适量）　　葱（适量）

糯米（适量）

图 2-28　制作三江油茶主要原料

四、三江油茶制作步骤

1. 茶叶浸泡

用开水将茶叶浸泡 5~10 分钟或放入锅中加热煎煮，使茶叶变软，用清水冲洗后，把茶叶里的水挤出来，如图 2-29 所示。

图 2-29　茶叶浸泡

2. 炒制

将锅放火上加热，烧干水，加入油，依次放入糯米和泡好的茶叶，用小火炒制，至糯米焦黄、茶叶微干，如图 2-30 所示。

图 2-30　炒制

3. 加水煮沸

加入开水煮茶，用锅铲轻推锅底，避免茶叶焦煳，并使水与茶叶充分融合，搅拌均匀，煎煮至茶水沸腾，如图 2-31 所示。

图 2-31　加水煮沸

4. 过滤出锅

将煮至沸腾的油茶水滤到容器中或直接倒入装有配料的碗中即成，如图 2-32 所示。

广西地方油茶制作

图 2-32 过滤出锅

特别提示

1. 浸泡茶叶

要注意泡制时间，茶叶泡开即可挤干水。

2. 火候

火候要把握得当，炒茶时火力要小，煮茶时火力要大。

3. 加油

油要适量，不能太多。

4. 加水

最好采用山泉水。山泉水富含无机盐，煮出的油茶才味美。

培训任务 3

广西地方油茶
经典小吃

每个地方都有自己的特色美食,各具风味,还有很多令人记忆深刻的美味小吃。在广西喝油茶时,会配有一些小吃,如米花、排馓、麻蛋果、艾叶粑、大肚粑、船上糕等。

这些小吃,或甜,或咸,或酥脆,或软糯,配上一碗油茶,丰富了油茶的口感,是油茶这一独特的饮食文化不可缺少的一部分。

米花

米花也叫炒米（见图3-1），是用糯米泡透蒸熟，拌适量茶油或粘米粉搓散，阴干，再用茶油炸成的。制作最好选用圆形颗粒的晚稻糯米。糯米营养丰富，含有蛋白质、脂肪、糖类、钙、磷、铁、维生素B_1、维生素B_2、烟酸及淀粉等。

图3-1 米花

一、米花制作原料

制作米花主要原料如图3-2所示。

糯米（500克）

粘米粉（200克）

花生油（适量）

图3-2 制作米花主要原料

广西地方油茶制作

二、米花制作步骤

1. 糯米蒸制

将糯米浸泡一夜后,沥干水,用蒸锅蒸40分钟。

2. 搓散

待糯米蒸熟冷却后,撒上粘米粉,将糯米搓散成米粒。

3. 过筛

将表面粘有米粉的米粒用筛子过筛,去除多余的米粉。

4. 阴干

把过筛的米粒阴干,即可装入密封袋保存。

5. 翻炒

在热锅内放适量的花生油,把适量阴干的米粒倒入锅中翻炒至微微金黄即可。

Tips 特别提示

1. 沥干水
糯米蒸制前一定要沥干水,否则蒸出来会因水分过多而粘在一起。
2. 糯米要蒸熟
糯米泡软后要用蒸锅蒸熟,不能夹生,否则会影响米花的成品质量。
3. 阴干
蒸好的糯米不能暴晒,如果放到太阳底下晒,米粒会裂开。米粒阴干时,到半干后可用手搓揉开,使米粒充分阴干。
4. 火候
炒制米花时火不能太大,否则容易把米花炒焦。

学习单元 2

排馓

排馓（见图 3-3）是以面粉、盐、油为主要原料制作而成的小吃。金黄色的排馓，根根分明，排列整齐，上下相连，就像江河中放的木排或竹排，故而得名。制作时用面粉做成桂林米粉粗细的条状，炸制成型，多由手工操作。排馓最普遍的吃法是搭配油茶，其酥香与油茶的清香融为一体，让人回味无穷。

图 3-3　排馓

广西地方油茶制作

一、排馓制作原料

排馓制作原料如图3-4所示。

图3-4 排馓制作原料

二、排馓制作步骤

1. 和面、饧面

把高筋面粉、食用小苏打过筛后,加入盐、水、花生油,和成面团。饧面15~20分钟,使面团表面光滑。

2. 搓条

将饧好的面团擀成长方形,切成长条,搓成直径1.5厘米左右的粗面条。

3. 饧发

将搓好的粗面条盘好,放入盆内进行饧发,注意要在盆内和粗面条上抹花生油,以免粘连。

4. 成型

将粗面条拉成 0.5 厘米左右细条，将细条在两根固定的木棍上缠绕 18～20 圈，中间用细条缠绕 1 圈，用一双长竹筷挑出成为排馓生胚。

5. 炸制

把锅中的花生油烧至 150～180 ℃，将竹筷上的排馓生坯逐个放入油锅炸至金黄，捞出即成。

> **Tips 特别提示**
>
> 1. 和面
> 由于每种面粉的含水量不同，面团的软硬度要掌握好，太软或太硬都不易成型。
>
> 2. 火候
> 炸制排馓时火不能太大，否则容易把排馓炸焦。

学习单元 3

麻蛋果

麻蛋果又名脆果、油果,因形似麻雀的蛋而得名,主要产于平乐、恭城一带。麻蛋果最初是作为油茶的基本配料出现的,现在虽然仍作为"打油茶"时必不可少的配料,但也可以作为节日里泡糖茶(或姜茶)的作料,更是人们平日里的休闲小吃。

一、麻蛋果制作原料

麻蛋果制作原料如图 3-5 所示。

粘米粉(500克)　　　黄糖(200克)　　　水(适量)　　　花生油(适量)

图 3-5　麻蛋果制作原料

二、麻蛋果制作步骤

1. 和面

用水把粘米粉和黄糖搓揉成团。

2. 搓条

把揉好的面团下剂,用手掌搓成大约小指粗细的长条。

3. 成型

用刮板把面条切成 15 毫米长的颗粒,往颗粒上撒些粘米粉,轻轻搓揉,使颗粒间不粘连。

4. 炸制

在油锅里倒入花生油,加热至 150 ℃,把颗粒倒入油锅里炸熟,用漏勺捞出即可。

> **Tips 特别提示**
>
> 1. 和面
> 面团的软硬度要掌握好,太软或太硬都不易成型。
> 2. 火候
> 炸制麻蛋果时火不能太大,否则容易把麻蛋果炸焦。

学习单元 4

艾叶粑

艾叶粑（见图 3-6）是桂林阳朔的传统地方特色小吃，又称蒿子粑粑，是清明节大家常吃的美食——青团在当地的变体。清明节吃青团的习俗可追溯到周朝，《周礼》中记载："仲春以木铎修火禁于国中。"百姓要熄炊，寒食三日，人们会事前先制作一些可以保存 3～5 天的食物，以满足祭祀和不炊而食的需求。青团最早主要用作祭祀，纪念先人，表达思念之情。随着时代的发展，青团开始被人们当作小吃食用，也有了新的寓意。制作艾叶粑的艾叶具有温经止血、散寒止痛的功效。

图 3-6　艾叶粑

一、艾叶粑制作原料

艾叶粑制作原料分为皮料、馅料和辅料。部分皮料、馅料和辅料如图 3-7 至图 3-9 所示。

艾叶（250克）　　糯米粉（500克）　　猪油（30克）　　开水（300克）　　糖（30克）

图 3-7　艾叶粑制作皮料

黄糖（200克）　　花生米（100克）　　芝麻（100克）　　猪油（50克）

图 3-8　艾叶粑制作馅料

柚子叶（适量）　　食用碱（2克）

图 3-9　艾叶粑制作辅料

二、艾叶粑制作步骤

 广西地方油茶制作

1. 制作艾叶碎

将艾叶洗净后,用清水浸泡一夜,去除苦味。把泡好的艾叶在加入食用碱的开水里焯 2 分钟,捞出后浸泡在凉水里。挤干艾叶的水分,切成碎末(或用料理机打碎)。

2. 调制面团

在糯米粉中加入开水、艾叶碎、糖、猪油,揉成不粘手、略干的面团。

3. 制馅

将花生米和芝麻炒香,晾凉后用擀面杖压成碎末,再加入黄糖、猪油拌匀。

4. 包制成型

将面团搓成条,用刮板切成每个 30 克左右的剂子。用手将剂子搓圆、捏扁,放入 10 克馅料,然后从四边向中间捏紧,将接口处捏实,搓圆,搓光滑。

5. 熟制

将蒸锅里的水烧开,把制作好的艾叶粑放在柚子叶上,放入蒸笼,大火蒸 7 分钟。关火,连叶取出即可。

Tips 特别提示

1. 选料

艾叶要选嫩的,而且只用叶子部分,否则纤维粗老,影响口感。糯米粉要选用水磨糯米粉,吃起来口感更细滑、软糯。

2. 调制面团

面团软硬度要合适,面团太软不易成型,面团太硬皮料容易裂。

3. 馅料

馅料可以根据个人口味进行调整。

学习单元 5

大肚粑

　　大肚粑（见图 3-10）是一种带馅的糍粑。它以糯米为皮，馅心可甜可咸、可荤可素。大肚粑的做法与汤圆相似，可以说是"超级汤圆"，因为它的馅料更丰富，个头也更大。它色美味鲜，老少皆宜，四季均可食用，可以煮着吃也可以蒸着吃。

图 3-10　大肚粑

广西地方油茶制作

一、大肚粑制作原料

制作大肚粑主要原料如图 3-11 所示。

糯米粉（500克） 　　粘米粉（200克） 　　开水（450～500克） 　　花生油（适量）

芋头（250克） 　　白萝卜（250克） 　　干香菇（20克） 　　猪肉（250克）

虾米（50克） 　　柚子叶（适量）

图 3-11　制作大肚粑主要原料

二、大肚粑制作步骤

1. 原料初步加工

将猪肉剁成末，将芋头、白萝卜、虾米和泡发后的香菇切成小丁，将柚子叶焯水备用。

2. 制馅

炒锅烧热后倒入适量花生油,加入猪肉末炒散后加入芋头丁、白萝卜丁、虾米丁、香菇丁,炒熟并调味。

3. 调制面团

把糯米粉、粘米粉过筛后倒入不锈钢盆中搅拌均匀,开水分三次加入,调成面絮,倒在面案上,搓揉成光滑的面团。

4. 成型

把面团搓成条,用刮板切成每个 40 克左右的剂子。面团开窝,包入 20 克馅心,用虎口收紧,用手掌搓成圆形。将生坯放在刷了油的柚子叶上。

5. 熟制

将蒸锅里的水烧开,把生坯带柚子叶放入蒸笼里,大火蒸 8 分钟。关火,连叶取出即可。

> **Tips 特别提示**
>
> 1. 调制面团
> 掌握好面团的软硬度,不同的粉吸水量不同,面团太软不易成型,面团太硬皮容易开裂。
>
> 2. 馅料
> 可以根据个人口味拌入不同的馅料。

学习单元 6

船上糕

船上糕（见图 3-12）是一种由糯米、芋头、青蒜（蒜苗的别称）等制成的小吃，它是水上人家逢年过节时制作的"年糕"，寓意一帆风顺、年年高升。青蒜是船上糕制作关键，制作时榨汁加入擂好的糯米，拌入芋头，蒸熟后切片。游览漓江时，由船娘将船上糕两面煎黄，放在芭蕉叶上待客。船上糕是搭配油茶的传统小吃。

图 3-12　船上糕

培训任务 3 | 广西地方油茶经典小吃

一、船上糕制作原料

制作船上糕主要原料如图 3-13 所示。

糯米（1500克）  腊肉（150克）  青蒜（750克）  芋头（750克）

盐（12克） 糖（15克）  五香粉（8克）  胡椒粉（3克）

水（适量）  花生油（适量）  粽叶（适量）

图 3-13 制作船上糕主要原料

二、船上糕制作步骤

准备工作 → 拌青蒜糯米 → 炒制 → 蒸制 → 晾凉 → 切件 → 煎制

 广西地方油茶制作

1. 准备工作

提前把糯米用水浸泡一夜；把腊肉、芋头洗净后切丁；青蒜洗净后切碎，加少许水用料理机打成渣备用。

2. 拌青蒜糯米

把泡好的糯米沥干，用手搓揉，直至手感如粉质。加入青蒜渣抓拌均匀。再加入盐、糖抓拌均匀备用。

3. 炒制

炒锅烧热后放入腊肉，用小火把其中的油炒出来。盛出腊肉，用炒出来的油继续炸芋头，把芋头炸至微微上色即可。倒入腊肉，加入五香粉、胡椒粉拌匀后加入青蒜糯米，直到把糯米翻拌到黏稠状即可。

4. 蒸制

把粽叶垫在方盘子里，把炒好的原料倒入方盘里压紧，用剪刀剪掉多余的粽叶。将方盘放入蒸笼中，蒸笼放在蒸锅上，水开后大火蒸 40 分钟。

5. 晾凉

在蒸好的船上糕表面上刷一层花生油，防止干裂，自然晾凉。

6. 切件

晾凉后，脱模撕掉粽叶，把船上糕切成大小相同的正方形或长方形。

7. 煎制

在平底锅内倒入少许花生油，把船上糕煎至两面微黄即可食用。

 特别提示

1. 选料

腊肉要选用烟熏的，味道更好。

2. 处理青蒜

青蒜要用料理机打成较细的渣，否则会影响口感。

培训任务 4

广西地方油茶的传承创新

随着广西各地政府对油茶的宣传力度不断加大,如今广西地方油茶不仅是少数民族特有的一种饮食习惯,而且已经成为一种美食风尚风靡八桂大地,一时间各个城市的大街小巷遍布油茶小馆和饭店,油茶以一种全新的姿态进入了人们的日常饮食生活。用发展的眼光从创新的角度看,现代的油茶远远超越了"打油茶"的传统茶饮形式,以一种全新的面貌展示在热爱生活的人们面前。

从油茶的创新发展途径上来看,油茶米粉、油茶火锅是一种餐饮形式上的创新。这种创新顺应了中国烹饪的发展趋势,将传统油茶提升到一个新的高度,不仅有效助力"乡村振兴",而且使油茶逐步成为广西各地又一个新的美食文化标杆。

学习单元 1

油茶米粉

一、油茶米粉简介

油茶米粉（见图4-1）采用组合创新的思路，成功地融合了"桂林米粉技艺"和恭城"瑶族油茶习俗"这两项入选国家级非物质文化遗产代表性项目名录的美食的不同味道，既突出了卤水的醇香，又保留了油茶的清香，打造出回味甘甜、茶香清逸的新风味。

图 4-1 油茶米粉

油茶与米粉结合的"比翼双'非'"的创意源于为"2017年中国—东盟职业教育

联展"而研发的美食,是将两种"非遗"项目结合形成的创新品牌。开发者坚持品质为先、不断超越的工匠精神,通过研发、会展检验、再研发、再检验的循环不断提高产品质量,在品牌的培育及形成过程中,坚持技艺传承和文化传承并重,康养文化和餐饮文化同步,在熟练掌握"打油茶"和米粉卤水、配料制作技艺的基础上,从营养、口味、外观等方面进行精研和提升,进行创造性的开发。

二、油茶米粉制作原料

制作油茶米粉主要原料如图 4-2 所示。

图 4-2　制作油茶米粉主要原料

三、油茶米粉制作步骤

1. 烫米粉

把锅中的水加热到 85~95 ℃，将米粉放入米粉捞中搅，完全没入水中 2 秒左右，顺时针搅动 4~5 圈（感觉米粉已散开，不再粘连，并感觉米粉变柔软），捞起沥水（水流不成线），盛入碗中，如图 4-3 所示。

图 4-3 烫米粉

2. 放配料

把切好的卤牛肉、锅烧、炒米、麻蛋果、排馓、花生米等原料放入碗中，加入葱香油及卤水，如图 4-4 所示。

图 4-4 放配料

3. 冲汤完成

把油茶茶汤冲入碗中即可，如图 4-5 所示。

广西地方油茶制作

图 4-5 冲汤完成

> **Tips 特别提示**
>
> 1. 烫米粉
>
> 烫米粉的水一定要在 85~95 ℃，且米粉要沥干水。
>
> 2. 葱香油
>
> 葱香油要热，防止凝结。
>
> 3. 卤水
>
> 卤水要热，才能增香。
>
> 4. 油茶茶汤
>
> 油茶茶汤不要太浓，以第三锅的浓度为佳。

学习单元 2

三鲜油茶火锅

一、三鲜油茶火锅简介

三鲜油茶火锅是在恭城油茶的基础上创新而来的油茶美食，是用富有民族特色的恭城油茶茶汤为锅底，添加"三鲜料"，涮烫成熟食用，具有肉质鲜香细嫩、爽滑，油茶茶汤回甘的风味特点，令人回味无穷。由茶叶、生姜、水和食用油反复捶打而成的油茶茶汤，口味醇厚、咸鲜适口、茶香怡人，在涮烫的过程中吸收了猪肉的鲜美而更加醇厚，并带有一丝回甘，比单纯的油茶茶汤更加美味，故而受到大众的欢迎。传统的"三鲜料"选用肉质细嫩的猪里脊肉、猪肝、猪小肠三种原料，原料的处理也很有讲究，特别是猪小肠，不能过度清洗，而且也不能切得太短，否则就会风味大减。

据说三鲜油茶火锅是由早年间杀猪的屠户流传下来的。由于工作繁忙，屠户们往往来不及仔细切菜做饭，便随便放一些猪下水在油茶锅中煮熟来吃，却意外地发现口味特别鲜美，之后便有意识地用油茶涮煮着吃，由此便流传开来。后经厨师们的精心改良及创新，才有了如今风靡八桂大地的三鲜油茶火锅。恭城油茶本身具有消食健胃、驱湿避瘴的功效，其中的生姜有去腥增香的作用，油茶茶汤与"三鲜料"的结合，完美地呈现了原料细嫩鲜香的优点，油茶茶汤吸收了原料里的氨基酸等鲜味物质，口味更加鲜美宜人，适口性更强，因此受到广大食客的追捧。

二、三鲜油茶火锅原料

制作三鲜油茶火锅的原料较为考究,俗称"三鲜料",即猪里脊肉(见图4-6)、猪肝、猪小肠三种原料。猪里脊肉是猪脊椎骨内侧的条状嫩肉,肉色偏红,肉质特别细嫩。猪肝有黄沙肝(粉肝)、油肝、猪母肝、血肝之分,以肝身柔软带微黄的黄沙肝为佳,这种肝肉质细嫩,口感微带粉糯。猪小肠是三种原料中最需要仔细挑选的,肠体要饱满,边缘带一些肥肉。购买小肠时最好将小肠内容物挤出来观察,如果小肠内容物为白色或颜色较浅,则质量较好,如果小肠内容物为黄色,则煮出来会发苦。小肠的清洗也非常重要,不能过度清洗,以免影响口感和风味。在恭城有一种清洗方法,就是把生姜削成比小肠稍小的块,从小肠一头塞入,再从另一头取出,起清洗、消毒作用。

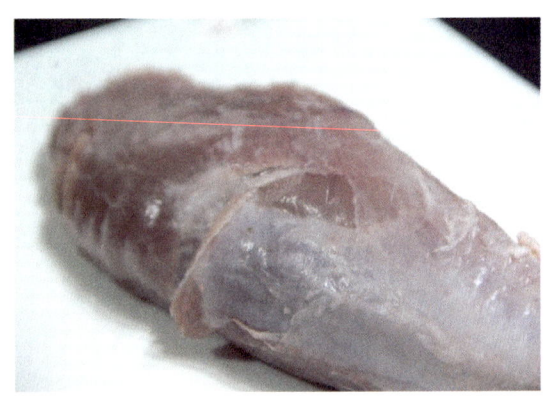

图4-6 猪里脊肉

要做出口味地道的三鲜油茶火锅,原料的加工也很重要。把猪里脊肉切成薄片,加生抽和胡椒粉,用花生油稍微抓拌一下即可。猪肝在处理时不能切得太薄,厚度以0.8厘米为宜,否则口感会大打折扣。猪小肠要剪去多余的油脂,但不能全部剪去,然后剐一些花刀,切成3厘米左右的小段即可。猪肝和猪小肠一般不需要腌制,以免影响它们的外观及风味,上席前稍稍点缀一些香菜或姜丝即可。

三、三鲜油茶火锅油茶茶汤准备

按照恭城油茶的制作方法制作出油茶茶汤,可以比平时多制出几锅,使油茶茶汤的口味没那么浓郁,也可以将现成的油茶茶汤用开水稀释使用。目前,市面上可以买到多种品牌的油茶茶汤,方便快捷,风味也不错,不失为一个省时省力的选择。

四、三鲜油茶火锅装盘上席

准备好油茶茶汤后,配上事先切配好的"三鲜料"及其他油茶配料就可以上桌了(见图4-7)。食客还可以按照自己的喜好配上味碟。味碟的制作很简单,蒜末加上剁碎的红色小米椒,再淋上一些生抽、香油即可。

培训任务 4 | 广西地方油茶的传承创新

图 4-7 三鲜油茶火锅装盘

 特别提示

1. 选料

"三鲜料"贵在一个"鲜"字,所以原料一定要新鲜,质量要好。

2. 加工

"三鲜料"的加工方法要得当,既要清洗干净,又要保证原料的口感,如猪肝不能切得太薄。

3. 火候

将"三鲜料"入锅涮烫的时机要得当,一定要等到锅内油茶茶汤沸腾后才可下料。此外,不能一次放太多原料,以免影响原料的成熟,使口感和风味变差。

学习单元 ③

油茶鸡火锅

一、油茶鸡火锅简介

油茶鸡火锅（见图4-8）是恭城油茶火锅系列里一道独具特色的美食，以茶香浓郁的恭城油茶茶汤为底汤，用恭城本地的瑶山土鸡为主料，让食客自由涮烫食用。油茶鸡火锅具有土鸡皮脆肉嫩、鲜香爽口，油茶茶汤茶香浓郁、入口清甜的特点，让品尝过的人记忆深刻。清爽的油茶茶汤在涮煮土鸡的过程中吸收了土鸡的风味，更加鲜美，而鲜汤中又蕴含了一丝茶的清香，鲜而不腻。传统的油茶鸡火锅最核心的风味来源于土鸡，一般选用恭城瑶乡农家散养的成年"走地鸡"，鸡肉结实，鲜味十足，有一

图4-8　油茶鸡火锅

种天然清爽感。油茶鸡火锅口味温和,茶香四溢,食后不上火,可谓秋冬上佳的养生、滋补食品。一口透着油茶清香的鸡肉,一碗饱含土鸡鲜味的油茶茶汤,让人不禁垂涎三尺。

油茶鸡火锅诞生于20世纪80—90年代。当时,有许多油茶馆都经营这种火锅。后来一些商家见有利可图,便在主要原料上以次充好,用普通的鸡代替"走地鸡",使油茶鸡火锅失去了原有的特色。慢慢地,油茶鸡火锅在市场上沉寂了。近年来,随着健康养生理念的兴起,再加上厨师们的不断创新及改良融合,油茶鸡火锅的形式也与时俱进地有了改观。最明显的就是由粗犷的鸡块演变成了砍件摆盘,这不仅体现了厨师高超的刀工技艺,食客食用也更为方便。曾经风靡一时的油茶鸡火锅又逐渐回到人们的餐桌上,重新绽放光彩。

二、油茶鸡火锅原料

油茶鸡火锅原料非常讲究,一定要选用恭城瑶乡农家散养的土鸡(见图4-9),这些土鸡肉质细嫩,皮薄骨细,肌肉与脂肪比例恰当,口感香鲜嫩滑,鸡味浓郁,风味独特,是油茶鸡火锅必备的食材之一。

油茶鸡火锅的鸡是砍件装盘的,保留鸡血、鸡胗、鸡肠等。杀鸡时,一手抓住鸡的翅膀,把鸡的一条腿折起来,用小拇指勾住鸡爪,用大拇指和食指抓住并绷紧鸡脖,另一手扯去鸡脖上的碎毛,用锋利的刀在鸡脖上切一刀。放血一定要充分,烫洗要适度,否则容易烫破外皮。砍件装盘时将鸡砍成大小适中且一致的块,整齐地摆好(见图4-10)。鸡肉一般都不需要进行腌制,上席前稍稍点缀一些香菜或姜丝即可。

图4-9　农家散养土鸡

图4-10　鸡肉砍件装盘

广西地方油茶制作

三、油茶鸡火锅油茶茶汤准备

按照恭城油茶的制作方法制作出油茶茶汤,可以比平时多制出几锅,使油茶茶汤的口味没那么浓郁,也可以将现成的油茶茶汤用开水稀释使用。目前,市面上可以买到多种品牌的油茶茶汤,方便快捷,风味也不错,不失为一个省时省力的选择。

四、油茶鸡火锅装盘上席

准备好油茶茶汤后,配上事先切配好的鸡肉及其他油茶配料就可以上桌了。食客还可以按照自己的喜好配上味碟。味碟的制作很简单,蒜末加上剁碎的红色小米椒,再淋上一些生抽、香油即可。

> **特别提示**
>
> 1. 选料
> 油茶鸡火锅关键在于土鸡,一定要选用农家散养的土鸡。
> 2. 加工
> 鸡的加工既要保证原料新鲜无异味,也要兼顾原料的外形完整。砍件要大小一致,有助于控制涮烫时间,保证口感。
> 3. 火候
> 下鸡肉入锅涮烫的时机要恰当,一定要等到锅内油茶茶汤沸腾后才可下料。下料后关火,用余温使鸡肉成熟,以达到最佳的口感和风味。

学习单元 4

油茶鱼火锅

一、油茶鱼火锅简介

恭城油茶鱼火锅（见图 4-11）是恭城的一道特色菜。油茶鱼火锅的鱼可以选用草鱼、鲤鱼、乌鳢等，以乌鳢为佳。新鲜的乌鳢经清理后，切成又薄又大的鱼片，剔出的鱼骨可放入油茶中当底料，也可以油炸食用，而鱼头则可配以番茄红焖，可谓一鱼多吃。鱼片放入油茶中涮煮，口感鲜嫩，熬好的油茶鱼汤既有油茶的风味，又有鱼汤的鲜美，一上市便受到广大食客的追捧，尤其是老人和小孩，特别喜欢这道具有独特脆爽口感的菜。

图 4-11 恭城油茶鱼火锅

油茶鱼火锅起源于20世纪60—70年代。当时，人们经常在江河捕捞一些黄骨丁（黄颡鱼的俗称）、泥鳅等小鱼用于改善生活，并发现这些小鱼放入油茶中一起食用异常鲜美，于是就有了将鱼直接放入油茶中烹煮食用的饮食习惯。后来一些饭店也开始供应这道菜。经过长期不断的革新演变，并引进了一些刀工技艺，形成了今天食用方便、味道鲜美的油茶鱼火锅。油茶鱼火锅由最初粗犷的杂鱼火锅变成了更美观的蝴蝶鱼片涮煮，不仅体现了厨师高超的刀工技艺，食客食用起来也更为方便、安全。

二、油茶鱼火锅原料

油茶鱼火锅最初是选用野生的黄骨丁、泥鳅等小鱼，这些小鱼基本上都是整条放入油茶锅内，口味虽然鲜美，但是食用起来不太方便，在一些高端的筵席上，吃鱼的动作也不够雅观。现在通常采用鱼片涮煮的方式，鱼的选择也随之改变，通常选用乌鳢、草鱼、鲤鱼等鱼类，其中以乌鳢为佳。乌鳢（见图4-12）又称黑鱼、

图4-12　乌鳢

乌鱼，是一种常见的食用鱼，生性凶猛，以小鱼为食，口味非常鲜美，营养价值较高，含有磷、钙、铁、维生素B_1、维生素B_2、烟酸等。乌鳢的烹饪方法一般是炖，味美汤鲜，营养丰富，适合大部分人食用，尤其适合病后康复者和体虚者。

制作油茶鱼火锅时，要先对斑鱼进行以下加工。

1. 将鱼放在木板上，用棒子敲击鱼的头部，将其敲晕，保持鱼身完整。

2. 用小刀的刀背刮去鱼鳞，用厨房剪剪去鱼鳍、鱼尾，抠去鱼鳃，清理干净鱼肚，用温水将鱼洗干净，去除鱼身上的黏液，防止打滑。

3. 将鱼身上的水用厨房纸巾擦干。从鱼尾处竖切，切到鱼骨时改为横切，顺着鱼骨一直切到鱼头处，再从鱼头处竖切一刀至鱼骨，切下整片鱼身，按同样的方法切下另一侧的鱼身，留下完整的鱼骨。

4. 鱼皮朝下，一只手按住鱼肉，另一只手用刀从鱼肉末端处以60°顺着鱼肉的纹理斜切成片，鱼片要切得薄而平整。

5. 把切好的鱼片逐片整齐地铺在盘中摆盘，如图4-13所示。上桌前，上面可以撒上切好的姜丝。

三、油茶鱼火锅油茶茶汤准备

按照恭城油茶的制作方法制作出油茶茶汤（见图4-14），可以比平时多制出几锅，使油茶茶汤的口味没那么浓郁，也可以将现成的油茶茶汤用开水稀释使用。目前，市面上可以买到多种品牌的油茶茶汤，方便快捷，风味也不错，不失为一个省时省力的选择。

图4-13 摆盘

图4-14 恭城油茶茶汤

四、油茶鱼火锅装盘上席

准备好油茶茶汤后，配上事先切配好的鱼肉及其他油茶配料就可以上桌了。食客还可以按照自己的喜好配上味碟。味碟的制作很简单，蒜末加上剁碎的红色小米椒，再淋上一些生抽、香油即可。

> **Tips 特别提示**
>
> 1. 选料
>
> 油茶鱼火锅关键在于乌鳢，一定要选用活鱼，不新鲜的鱼会影响口感和油茶茶汤的味道。
>
> 2. 加工
>
> 乌鳢的加工既要保证原料新鲜无异味，又要兼顾原料的外形完整，如切片要厚薄一致，有助于控制涮烫时间，保证口感。
>
> 3. 火候
>
> 入锅涮烫的时机要恰当，一定要等到锅内油茶茶汤沸腾后才可下料。下料后关火，用余温使鱼肉成熟，以达到最佳的口感和风味。

培训任务 5

油茶店创业策划

学习单元 1 市场调研

一、市场调研的内容

市场调研需要了解开店所在区域的市场情况,了解区域内顾客的情况,弄清顾客是谁,他们在哪里,有多少,有什么需求。因此,有必要进行以下调研。

1. 目标顾客组成

(1)区域周边居民。
(2)企事业单位及机关工作人员。
(3)院校学生。
(4)到本区域购物的人员。
(5)到本区域办事、旅游的人员。

2. 市场容量

(1)区域内有哪些小区,有多少居民。
(2)区域内有哪些企事业单位和政府机关,工作人员多少,职业特点和作息时间如何。
(3)区域内有多少所院校,在校学生多少,学生管理模式如何。
(4)区域内有哪些商场,人流量如何。
(5)区域内有多少家宾馆,规模多大,有多少外来人员入住。
(6)以上人群大概有多少人喜欢油茶这种餐饮形式。

3. 区域内油茶店的情况

（1）区域内油茶店的数量有多少，规模多大，目标顾客是谁，分布情况如何。
（2）区域内油茶店主要有哪些产品或服务，价格如何。
（3）区域内油茶店每天销售量多少。
（4）区域内油茶店都各有什么销售形式或服务特色。
（5）区域内油茶店的营业时间。
（6）区域内油茶店的技术水平。
（7）区域内油茶店的员工素质。
（8）区域内油茶店的顾客口碑。

4. 顾客需求

（1）顾客通常喜欢什么口味。
（2）不同的群体通常在什么时间段光顾油茶店。
（3）早、中、晚餐及夜宵时段的顾客数量。
（4）打包带走或点外卖的顾客比例是多少。
（5）不同的顾客群体有什么特别的需要。
（6）顾客希望油茶店提供什么服务。

二、市场调研方法

1. 实地观察法

选择工作日、休息日的不同时间段，到各油茶店实地观察顾客的消费情况，做好记录，以便分析统计。

2. 访谈法

与小区居民等目标顾客进行交流，了解他们的消费习惯及消费时间，同时了解顾客对油茶店的需求。

3. 网络调查法

通过美团、饿了么等外卖平台了解区域内油茶店每天的销售量，查看顾客的评价。

通过以上调查，大致估算出区域内油茶餐饮市场容量有多大，如果在该区域开店，根据个人的投资状况和经营管理能力，预计能占有多大市场份额。

学习单元 2

市场营销方案制订与销售收入预测

一、市场营销方案制订

根据了解到的市场信息，把顾客需求放在首位，制订产品、价格、地点、促销等市场营销策略。

1. 产品决策

为提供个性化服务吸引顾客，满足顾客需求，必须做好产品决策。

（1）突出产品特色，根据不同顾客的需要，加工不同口味的油茶，做到品种多样化。

（2）精心选择原材料，确保产品质量。

（3）根据顾客需求，提供多种配菜，免费提供多种配料、饮品。

（4）提供油茶工作餐，开通美团、饿了么等外卖服务，送货上门，满足顾客需求。

（5）从店面装修、服务内容、服务质量、卫生状况、服务态度方面下手，建立好的口碑。

2. 价格策略

（1）在保证产品和服务质量的前提下，控制好成本，保证利润空间。

（2）在参照同类产品市场价格的情况下，给顾客提供更多的便利和服务，以及良好的就餐环境，争取更大的竞争优势。

（3）确定产品价格时要综合考虑节假日、旅游淡旺季等因素。

3. 选址

为开店选择地点时要考虑的因素如下。

（1）辐射范围、人口密度、消费水平。

（2）店面位置是否有良好的可视性。

（3）客流量是否相对集中。

（4）能否依托竞争形成"集约效应"。

（5）交通是否通畅，停车是否方便。

（6）通风条件如何，是否符合环保要求，是否达到"三废"排放标准。

4. 促销方法

可以采用广告、营销推广活动满足顾客的需求。

（1）分发宣传品或在店面张贴广告。

（2）利用微信、短视频等新媒体发布产品、店铺信息。

（3）免费赠送配菜、饮品等。

（4）在美团、饿了么等平台采取团购、会员打折、多产品组合销售等方式进行推广。

二、销售收入预测

根据市场容量、同类企业的数量、服务水平、季节、营业时间段、节假日等因素预测各月的销售量。

1. 列出产品清单。

2. 为每项产品制定价格。

3. 预测每个月的产品销售量，数据来自市场调研。

4. 计算该项产品的月销售收入，公式如下：

$$销售收入 = 销售单价 \times 销售量$$

销售收入预测表见表5-1。

表 5-1　　　　　　　　　　　　　销售收入预测表

产品	项目	1月	2月	3月	4月	5月	6月	7月	8月	9月	10月	11月	12月	合计
（一）	销售量（碗）													
	单价（元）													—
	销售收入（元）													
（二）	销售量（碗）													
	单价（元）													—
	销售收入（元）													
（三）	销售量（碗）													
	单价（元）													—
	销售收入（元）													
……	……													
销售收入合计（元）														

根据预测，可大致确定油茶店的规模。预测时不要过于乐观，要留有余地。

学习单元 3

启动资金预测

开店前,要根据店面规模计算启动资金,对开店所需要的资金有大致的了解。启动资金用来购买开店必需的物资和支付必要的费用。启动资金分为固定投资和流动资金两类。

一、固定投资

1. 固定投资内容

(1) 锅碗瓢盆、刀具、砧板、碗柜、货架等物品。
(2) 空调、风扇、冰箱(柜)、消毒碗柜等电器。
(3) 桌椅、板凳等大堂家具。
(4) 收银机、监控器等电子设备。
(5) 用于经营的交通工具。
(6) 市场调查、咨询、培训、工作服定做等费用。
(7) 加盟费、转让费、装修费、网络信息平台注册及管理费用。

2. 固定投资计算

第一步:把需要的投资分类,并按类列表,见表 5-2。

第二步：测算每类投资的数量和金额，计算出投资所需资金。

表 5-2　　　　　　　　　　投资分类计算

序号	项目	单价	数量	金额
	合计			

二、流动资金

测算油茶店正常运转日常所需要支出的资金，按月计算，包括原材料费用、商品库存和包装费用、保管费、运输费、广告宣传费、工资、租金、保险费、水电费、通信费、交通费、促销费、其他费用。

另外，要预估油茶店流动资金的持续投入期，至少要准备油茶店开办初期所需的流动资金，以保持一定量的资金储备，以备不时之需。

学习单元 4

财务计划制订

为了掌握油茶店实际运转的情况,必须估算出油茶店能否盈利。

一、成本核算

1. 油茶店的成本构成

(1)变动成本(原材料成本)。变动成本是随着销售的变化而变化的成本,包括原料、配料、燃料、辅助材料(一次性碗筷、包装盒)等的费用。

(2)固定成本。固定成本是相对不随销售的变化而变化的成本,包括租金、工资、通信费、保险费、水电费、固定资产折旧、其他投资摊销、广告宣传费、损耗费、运输费、其他费用。

2. 计算成本的要求

(1)变动成本(原材料成本)根据每月销售量测算。

(2)固定成本按月计算。固定资产折旧、开办费、其他投资摊销按月计入固定成本。

(3)月总成本为月变动成本与月固定成本之和。

二、利润估算

按月估算利润,大致了解油茶店能不能挣钱,能挣多少钱。

计算公式:

$$利润 = 销售收入 - 经营成本$$

根据销售收入和经营成本列出利润估算表(见表5-3),可以帮助经营者分析油茶店是否有利润,从表中既能看到销售收入也能看到成本,并知道是否盈利。

表5-3　　　　　　　　　　　利润估算表　　　　　　　　　　单位:元

项目		月份							合计
		1	2	3	4	5	…	12	
销售收入									
经营成本	原材料费用								
	房租								
	水电费								
	工资								
	促销费								
	保险费								
	……								
	总成本								
利润									

列表估算利润非常重要。如果估算结果为盈利,可以考虑开店;如果估算结果为亏损,需要及时弄明白哪个环节出了问题,调整后重新做计划,如果经过调整,估算结果仍为亏损,建议暂缓开店。

创业是个系统工程,需要详细周密的计划。以上是开店前最基本的策划方法,目的是使创业者在开店时少走弯路,减少失败的概率。开办和经营一家油茶店还需要进一步学习。

附录1　广西地方油茶制作专项职业能力考核规范

一、定义

广西地方油茶制作是运用茶叶、生姜、大蒜等为主料，经加热捶打、加水煮沸、滤茶出锅等工艺，制作出可直接饮用并具有广西地方特色风味饮品的能力。

二、适用对象

运用或准备运用广西地方油茶制作能力创业、求职、就业的人员。

三、能力标准与鉴定内容

能力名称：广西地方油茶制作　　　　　　　　　　　　职业领域：中式烹调师

工作任务	操作规范	相关知识	考核比重
（一）广西地方油茶基础知识	1. 能按食品安全规范操作 2. 能按要求进行手部清洗消毒 3. 能按要求穿着工作服 4. 能讲述广西地方油茶的历史和习俗 5. 能讲述广西地方油茶的起源和功效	1. 食品安全与操作规范的重要性 2. 食品安全基本操作规范的内容 3. 食品污染的危害 4. 食品污染的预防控制措施 5. 广西地方油茶的起源和传说 6. 广西地方油茶的功效 7. 广西地方油茶的文化传承	15%
（二）广西地方油茶典型代表	1. 能熟练鉴别广西地方典型油茶的质量 2. 能按制作标准选择与处理原料 3. 能按制作流程完成广西地方典型油茶制作	1. 广西地方典型油茶的制作流程 2. 广西地方典型油茶风味特色和浓厚的文化内涵	35%
（三）广西地方油茶经典小吃	1. 能鉴别各种油茶小吃 2. 能掌握几种油茶小吃的制作 3. 能按照制作流程完成地方小吃制作	1. 广西地方经典油茶小吃的制作流程 2. 广西各种油茶小吃的特色和浓厚的文化内涵	35%

续表

工作任务	操作规范	相关知识	考核比重
（四）广西地方油茶的传承创新	1. 能简要描述广西各种油茶米粉、火锅的风味特点及制作方法 2. 能制作广西油茶米粉、火锅的代表品种	1. 广西地方油茶米粉、代表性油茶火锅的制作方法 2. 广西油茶米粉、油茶火锅的风味特色	15%

四、鉴定要求

（一）申报条件

达到法定劳动年龄，具有相应技能的劳动者均可申报。

（二）考评员构成

考评员应具备一定中式烹调专业知识和操作经验，每个考评组中不少于3名考评员。

（三）鉴定方式与鉴定时间

技能操作考核采取实际操作考核。技能操作考核时间不少于90分钟。

（四）鉴定场地与设备要求

场地面积不小于50平方米，烹饪制作的设施、设备齐全。室内采光良好，通风、供排水良好，整洁无干扰。卫生和安全条件符合国家相关规定。

附录2　广西地方油茶制作专项职业能力培训课程规范

培训任务	学习单元	培训重点和难点	参考学时
（一）广西地方油茶基础知识	1. 广西地方油茶简介	重点：广西地方油茶的起源 难点：广西地方油茶的功效	10
	2. 食品安全与操作规范	重点：食品安全的重要性 难点：操作规范的内容	
（二）广西地方油茶典型代表	1. 恭城油茶 2. 灌阳油茶 3. 平乐油茶 4. 三江油茶	重点：广西地方油茶的风味特色及饮食文化、广西地方油茶原料的鉴别 难点：广西地方油茶的制作流程	16
（三）广西地方油茶经典小吃	1. 米花 2. 排馓 3. 麻蛋果 4. 艾叶粑 5. 大肚粑 6. 船上糕	重点：广西地方油茶经典小吃的风味特色、广西地方油茶经典小吃原料的鉴别 难点：广西地方油茶经典小吃的制作流程	24
（四）广西地方油茶的传承创新	1. 油茶米粉 2. 三鲜油茶火锅 3. 油茶鸡火锅 4. 油茶鱼火锅	重点：油茶创新菜的风味特色、油茶创新菜原料的鉴别及刀工处理 难点：油茶创新菜的制作流程	16
（五）油茶店创业策划	1. 市场调研 2. 市场营销方案制订与销售收入预测 3. 启动资金预测 4. 财务计划制订	重点：油茶店筹备要素 难点：掌握市场需求，制定具有个性化的市场营销策略	4
总学时			70

注：参考学时是培训机构开展的理论教学及实操教学的建议学时数，包括岗位实习、现场观摩、自学自练等环节的学时数。